機械人家族

你也來幫機械人改裝吧！
貼上貼紙後，一起來幫他們編個冒險故事吧！

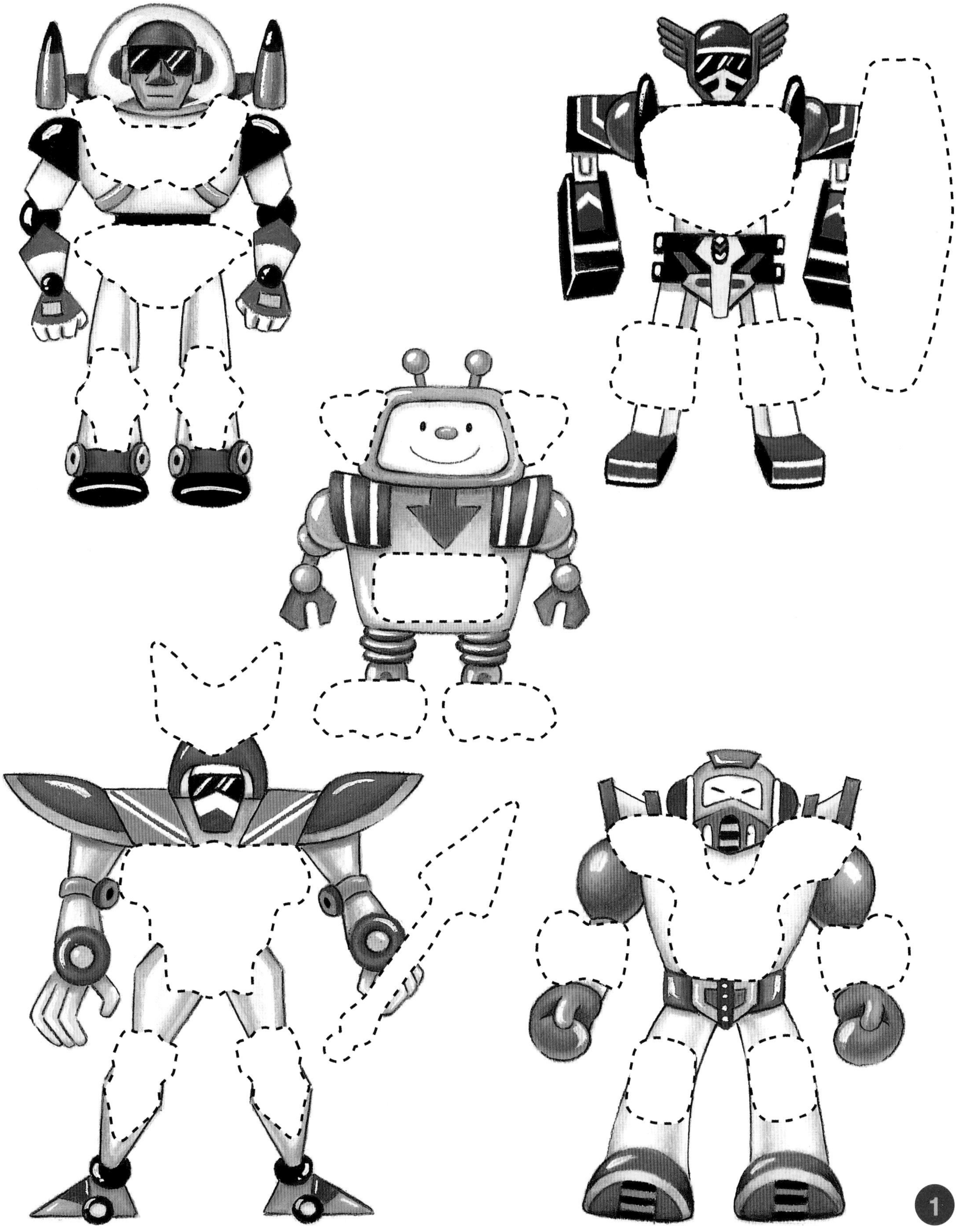

樂器王國

樂器王國是什麼樣子的呢？在下圖中貼上樂器貼紙，並模仿各種樂器的聲音，盡情地創造樂器王國吧！

熱鬧的馬戲團

動物們會耍什麼特技呢？在虛線內貼上適當的貼紙，然後數一數共有幾種特技。

玩具王國

玩具王國邀請大家來玩！
貼上貼紙後，你會發現有更多的玩具啊！

熱鬧的百貨公司

百貨公司裏賣些什麼東西呢？
你也來把貼紙貼到合適的地方吧！

小小動物園

小雞和小牛居住的小小動物園是什麼樣子的呢？
你可以一邊唱歌，一邊貼貼紙，創造一個小小動物園。

小雞吱吱吱吱叫　小牛哞哞哞哞叫
耳朵長長的兔子　搖搖擺擺的鴨子

撲通撲通的青蛙　喵嗚喵嗚的小貓
花花綠綠的草叢　吱吱喳喳的小鳥

吱吱喳喳
吱吱
小豬呼嚕嚕
呼嚕
小貓喵喵
蝴蝶飛舞

太空冒險

乘搭太空船到遙遠的宇宙去會看見什麼呢？請發揮想像力，在下圖中貼上貼紙，創造神秘的宇宙吧！

飄揚的國旗

運動場上有哪些國家的國旗呢？
動動手，再貼上更多的國旗吧！

有趣的遊樂園

在遊樂園裏，你最喜歡哪一項設施呢？在虛線內貼上適當的貼紙後，你會發現有更多的遊樂設施啊！

服裝設計師

如果你是設計師，你會如何搭配呢？
請利用貼紙，幫他們穿上最適合的衣服吧！

你最喜歡哪一套衣服呢？

環遊世界去

仔細看，世界各地的人都有很大的差異啊！
試着把貼紙貼在適合的地方吧！

哇!真有趣
要去環遊世界嗎?
阿拉斯加
美國
哥倫比亞
夏威夷
墨西哥
巴西

蓋章遊戲

你知道手指也能用來印製圖畫嗎？試着在下圖中貼上更多的手指模貼紙，一起來創造一個有趣的叢林吧！

用手指印的，漂亮嗎？

十二生肖的故事

你知道生肖的順序是怎麼定出來的嗎？
看完故事後，請在虛線内貼上適當的貼紙。

從前，動物們只要一聚集就會爭論着誰是最大的。因此玉皇大帝決定用賽跑的方式，依先後到達的順序來決定誰最大。原本牛以為他會是最先到達的，沒想到坐在牛背上的老鼠往前一跳，搶先抵達終點。

所以老鼠最先到達，得了第一名。接着陸續到達的是牛、老虎、兔子、龍、蛇、馬、羊、猴子、雞和狗，豬最後到達。

這就是現在十二生肖的順序。

派對開始了！

派對開始了！大家正吃得津津有味。
還有哪些好吃的食物呢？把它們貼在下圖中。

第1頁
貼紙
貼紙
貼紙
貼紙
貼紙
第2~3頁

第4~5頁

第6~7頁

第8~9頁

第10~11頁

第12頁

第13頁

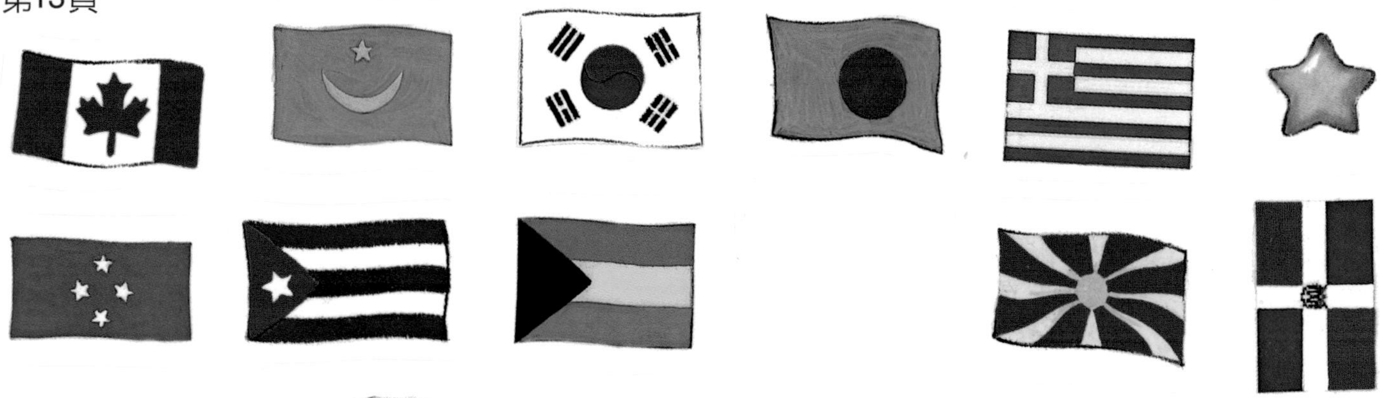

第14~15頁

第16~17頁

第18~19頁

第20~21頁

第22~23頁

第24頁